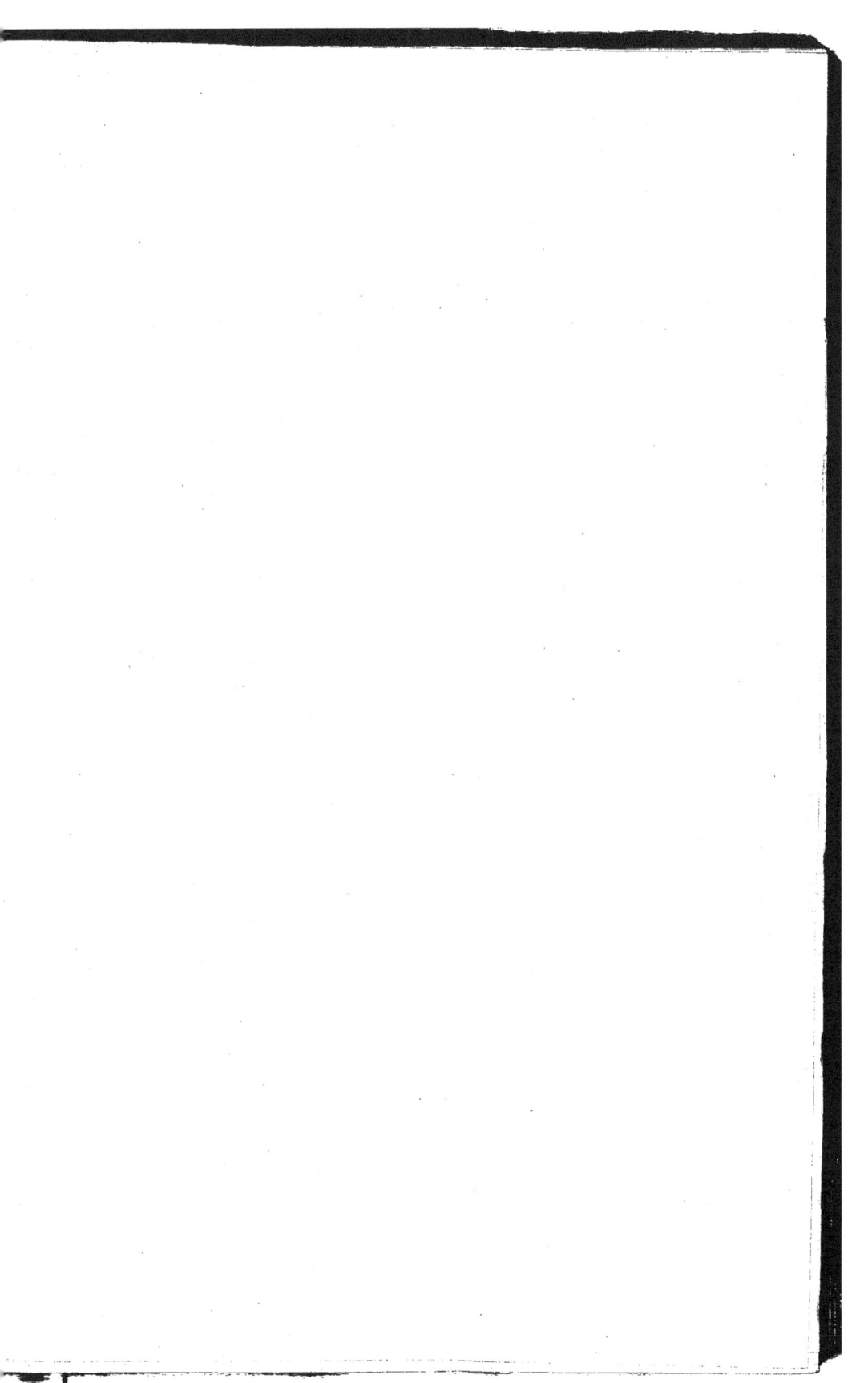

S

©

237

X

MONOGRAPHIE

DES

PICIDÉES

OU HISTOIRE NATURELLE

DES

PICIDÉS, PICUMNINÉS, YUNCINÉS ou TORCOLS

COMPRENANT

DANS LA PREMIÈRE PARTIE,

L'origine mythologique, les mœurs, les migrations, l'anatomie, la physiologie, la répartition géographique, les divers systèmes de classification de ces oiseaux grimpeurs zygodactiles, ainsi qu'un dictionnaire alphabétique des auteurs et des ouvrages cités par abréviation;

DANS LA DEUXIÈME PARTIE,

La synonymie, la description en latin et en français, l'histoire de chaque espèce, ainsi qu'un dictionnaire alphabétique et synonymique latin de toutes les espèces;

PAR

ALF. MALHERBE

CHEVALIER DE L'ORDRE IMPÉRIAL DE LA LÉGION D'HONNEUR;
CONSEILLER HONORAIRE A LA COUR IMPÉRIALE DE METZ, ADMINISTRATEUR DU MUSÉUM DE LA VILLE, PRÉSIDENT DE LA SOCIÉTÉ D'HISTOIRE NATURELLE
DE LA MOSELLE; ANCIEN PRÉSIDENT DE L'ACADÉMIE IMPÉRIALE;
MEMBRE DE L'INSTITUT DES PROVINCES DE FRANCE, DES ACADÉMIES ET SOCIÉTÉS D'HISTOIRE NATURELLE D'AMSTERDAM, D'ANGERS, DE BERLIN, DE BORDEAUX,
DE CATANE, DE DIJON, DE LA MARNE, DE DRESDE, DE FRANCFORT-SUR-MEIN, DE LEIPZIG, DE LIÉGE, DE LILLE, DE LYON, DE L'ILE MAURICE,
DE MAYENCE, DE MESSINE, DE NANCY, DE PHILADELPHIE, DE STRASBOURG, DE VALENCE, DE VENDUN, &c.;
AUTEUR DES FAUNES DE LA SICILE, DE L'ALGÉRIE ET DE LA MOSELLE, &c.

Les Souscripteurs qui préféreraient posséder tout l'ouvrage en trois volumes au lieu de quatre, feraient relier les volumes séparés 1er et 2e, avec les titres I et II, TEXTE, et réuniraient toutes les planches coloriées sous le titre volume III, PLANCHES

PLANCHES — VOL. III & IV

METZ — 1863

Typographie de Jules VERRONNAIS, Imprimeur de la Société
d'Histoire naturelle de la Moselle

1862

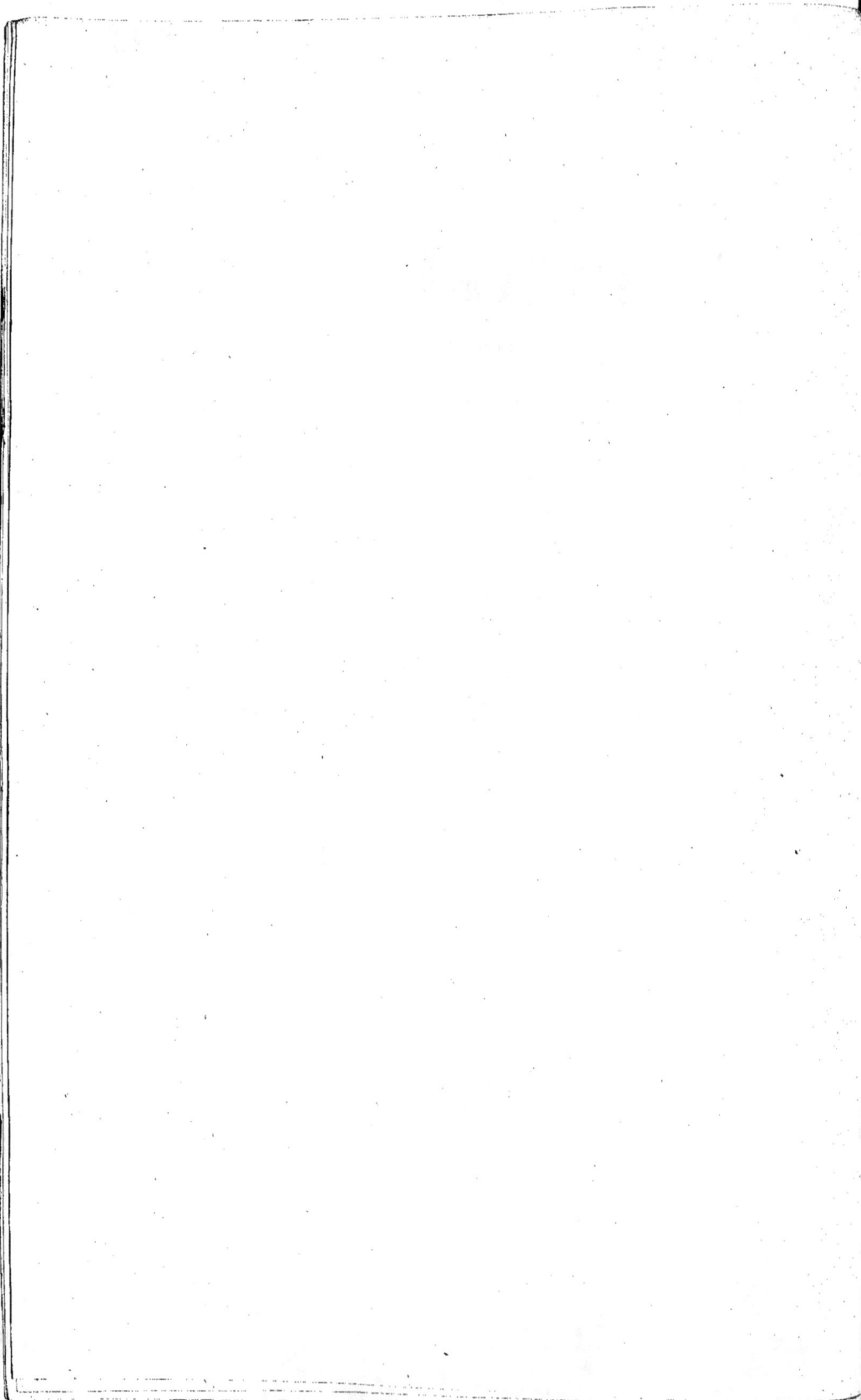

VOL. III. — PLANCHES[*].

TABLE DES PLANCHES PEINTES

AVEC

L'INDICATION DES PAGES RELATIVES A CES PLANCHES DANS LE Ier VOLUME DE TEXTE
ET DANS LE COMMENCEMENT DU IIe VOLUME.

[*] Le tome III ou Ier vol. des planches, est composé des planches peintes I à LX.

FIN DE LA TABLE DES PLANCHES DU VOL. III.

TABLE DES PLANCHES PEINTES

AVEC

L'INDICATION DES PAGES RELATIVES A CES PLANCHES DANS LE IIᵉ VOLUME DE TEXTE.

* Rectifier sur la Pl. CXVI, PICUMNE DÉLIÉ, au lieu de: Fig. 3, mâle; Fig. 4, femelle; — lisez: *Fig. 5, mâle; Fig. 6, femelle.*
** — PICUMNE DE BUFFON, au lieu de: Fig. 5, mâle; Fig. 6, femelle; — lisez: *Fig. 3, mâle, Fig. 4, femelle.*
*** — Pl. CXVIII, PICUMNE A VENTRE ROUX, au lieu de: Fig. 2, femelle; — lisez: *Fig. 2, mâle.*

Pl. 1.

Delahaye, pinx.t et lith.

A. Malherbe, direx.t

Le MÉGAPIC IMPÉRIAL, fig.1, mâle; 2,3, femelle.   MEGAPICUS (Malh.) IMPERIALIS (Gould.)
Le MÉGAPIC À BEC D'IVOIRE, fig.4, mâle; 5, femelle.   MEGAPICUS (Malh.) PRINCIPALIS (Linn.)

Lith.Becquet frères à Paris.

MÉGAPIC DE MAGELLAN, fig. 1. mâle, 2. femelle, 3. 4.e remige.   MEGAPICUS (Malh.) MAGELLANICUS (King.)

Delahaye, pinx.t et lith.

A. Malherbe, direx.t

MÉGAPIC DE BOIE., fig 1, mâle; 2, femelle 3, 7, 4e remige.
MÉGAPIC ROBUSTE; fig 4, mâle, 5, femelle au ⅓ 6, 4e remige.

MEGAPICUS (Malh) BOIEI (Wagl)
MEGAPICUS ROBUSTUS (Illig)

Pl. IV.

Delahaye, pinx.' et lith.

A. Malherbe, direx.'

MÉGAPIC ALBIROSTRE, fig 1 et 2 mâle, 3 femelle.   MEGAPICUS (Malh) ALBIROSTRIS (Vieill)

Lith Becquet frères, à Paris.

Delahaye, pinx' et lith.

A. Malherbe, direx'

MÉGAPIC DE GRAY, fig 1,2, mâle, 3, femelle, 4, jeune mâle.   MEGAPICUS GRAYI (Malh.)

Pl. VI.

Delahaye, pinx.t et lith

A. Malherbe direx.t

MEGAPIC de MALHERBE; fig 1, mâle, 2, 3 femelle 4, jeune femelle.

MEGAPICUS (Malh.) MALHERBII (G.R.Gray.)

Lith. Becquet frères à Paris

Pl. VII

Delahaye pinx.t et lith

A. Malherbe del.t

MEGAPIC de GUATEMALA fig 1.4.5.6 males 2 et 3 femelles

MEGAPICUS (Mâle) GUATEMALENSIS (Har: L.)

Lit. Becquet frères à Paris

Delahaye, pinx.¹ et lith.

A. Malherbe, direx.¹

MÉCAPIC DE SCLATER; fig. 1, mâle, 8, remige 4ᵉ
MÉG. AU COL ENFLAMMÉ; fig. 2, mâle, 3, fem. 4 remige 4ᵉ
MÉG. AU COU ROUGE; fig. 6, mâle, 7 fem. 5 rem. 4ᵉ

MEGAPICUS SCLATERI (Malh.)
MEG. (Malh.) TRACHELOPYRUS (Bp.)
MEG. (Malh.) RUBRICOLLIS (Bodd.)

Lith.Becquet Frères, à Paris.

Delahaye, pinx.t et lith.

A. Malherbe, direx.t

MÉGAPIC A COU ROUGE, fig 1, 3, mâles, 2, fem. 4, remige 4.e
MÉG. VIGOUREUX, fig. 5, 6, mâles, 7, fem. 8, rem. 4.e

MEGAPICUS HŒMATOGASTER.
MEG. VALIDUS.

Lith. Becquet frères. Paris.

A.Malherbe, direx.t

DRYOPIC A SCAPULAIRES, fig.1,2,mâles, 3.fem.4.remige 4.e
DRYOPIC NOIR, fig.5,mâle, 6,femelle.7. jeune mâle.

DRYOPICUS SCAPULARIS.
DRYOPICUS MARTIUS.

Pl. XI.

DRYOPIC CASQUÉ, fig. 1, mâle, 2, fem. 3, jeune fem. 4, remige 4°   DR. (Malh.) GALEATUS. (Natter.)

DRYOPIC NOIR À HUPPE ROUGE, fig. 5, mâle, 6, fem. 7, rem. 4°   DR. PILEATUS. (Linn)

Pl. XC

Delahaye, pinx.ᵗ et lith.

A. Malherbe direx.ᵗ

DRYOPIC À FACE ROUGE, fig 1. mâle, 2, femelle, 3, remige 4.ᵉ   DR. (Malh.) ERYTHROPS (Cuv.)

DRYOPIC OUENTOU, fig 4, 6, mâles, 5, femelle, 7, jeune fem 8, rem. 4.ᵉ   DR. LINEATUS. (Linn.)

A. Malherbe, direx.¹

DRYOPIC D'HODGSON, fig 1, mâle, 2 femelle, 3 remige 4ᵉ.

DRYOPIC A VENTRE BLANC, fig 4, mâle, 5, femelle, 6, rem 4ᵉ.

DR. (Malh) HODGSONII (Jerdon.)

DR. LEUCOGASTER. (Rainw.)

Pl. XIV.

1

2

3

Delahaye, pinx' et lith.

A. Malherbe, direx'

DRYOPIC FAUVE, fig. 1, mâle, 2, femelle, 3, remige 4.   DR. (Malh) FULVUS. (Quoy et Gaim.)

Lith. Imp par Frères, Paris.

A. Malherbe, direx.'

DRYOPIC EN DEUIL, fig 1, mâle, 2, femelle, 3, remige 4.º   DR. (Malh.) FUNEBRIS. (Valenc.)

DRYOPIC GUTTURAL ; fig 4, mâle, 5, 6, femelles, 7, rem. 4.º   DR. GUTTURALIS. (Valenc.)

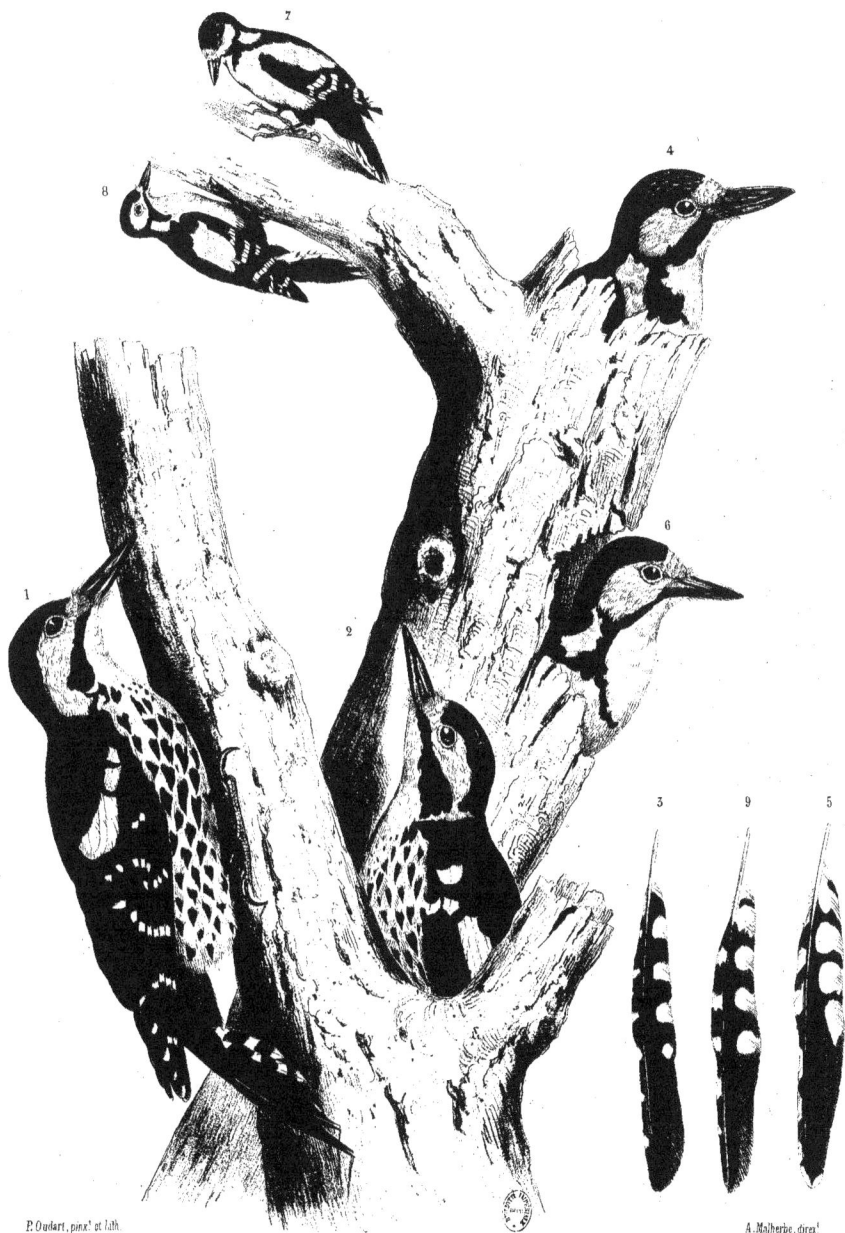

PIC DE HODGSON, (Malh.) fig. 1, mâle; f. 2, femelle; 3,4.ème rémige. ━━━━━ PICUS MAJOROÏDES (Hodgs.)

L'EPEICHE. (Buff.) fig. 7 et 8. mâle et femelle ad (aux ⅔.°) f. 9 rémige 4.e f. 6 j. mâle. f. 4. j (Baskiriensis) et f. 5, sa rémige 4.e PICUS MAJOR (Lin.)

Pl. XVII

P. Oudart, pinx' et Lith.

A. Malherbe, direca'

PIC de CABANIS, fig. 1, mâle; f. 2, femelle; f. 3, rémige 4.⁵   PICUS CABANISI (Malh).
PIC de LUCIEN, fig. 4, mâle, f. 5, rémige 4.ᵉ   PICUS LUCIANI (Malh)
PIC de GOULD, fig. 6, mâle; f. 7, femelle.   PICUS GOULDII (Malh)
PIC MANDARIN, fig 8 et 9 le mâle ad.   PICUS MANDARINUS (Malh)

Paris, Lith A. Compan rue Rousselet, 15

P. Oudart, pinx.^{t} et lith.

A. Malherbe, direx.^{t}

LE PIC NUMIDE (Malh) fig. 1, mâle ad. f. 2, femelle; f. 3, jeune mâle. f. 4, rémige 4e PICUS NUMIDICUS (Malh.)

PIC à front brun. fig. 5, mâle.— f. 6, femelle. f. 7, rémige 4e PICUS BRUNNIFRONS.(Vig)

Paris, Lith. Cormon r Rousselet, 15.

P. Oudart, Pinx et Lith

A. Malherbe, dirext

PIC SOSIE; (Malh.) Fig. 1, mâle, Fig. 2, femelle.

PIC HIMALAYEN; Fig. 3, mâles; Fig. 4, femelle; Fig. 5, rémige 4.ème

PICUS ASSIMILIS (Natt.)

PICUS HIMALAYENSIS (Jard.)

Lith. A. Compan, r. Housselet, 15. Paris

P. Oudart. pinx.' S Lith.

A. Malherbe direx.'

PIC de HARRIS. fig. 1, mâle; f. 9, femelle; f. 3, rémige 4.°   PICUS HARRISII.(Aud.)

PIC SYRIEN. fig 4, f 5, rémige 4.°   PIC MAR, fig. 6, mâle; f. 7, femelle; f. 8, rémige. PICUS SYRIACUS (Hempr. et Ehr) P. MEDIUS (Linn.)

Lith. A. Germain rue Boulevart 15. Paris.

P. Oudart, pinx.t et lith.

A. Malherbe, Direx.t

PIC CHEVELU (Vieil.) fig 1, mâle ad. f. 2, femelle, f. 3, rémige 4.ème   PICUS VILLOSUS. (Linn.)
PIC DU CANADA (Buff.) fig 4, mâle ad.   PICUS CANADENSIS (Gm.)
PIC DE PHILLIPS. fig 5, mâle.   PICUS PHILLIPSII (Aud.)

Lith. A. Carpan : Boulev.t St. Paris

P. Oudart, pinx.t et lith.

A. Malherbe, direx.t

PIC de MARTIN, fig 1. mâle: fig. 2, femelle   PICUS MARTINI (Aud.).
PIC de CUVIER (Malh.) fig 3. femelle.   PICUS CUVIERI (Malh.)
PIC d' AUDUBON, fig. 4. mâle jeune.   PICUS AUDUBONI (Sw. et Trud.)

Lith. A. Compain, rue Rousselet. 13, Paris

P. Oudart, pinx.¹ & lith.

A. Malherbe, direx.¹

PIC LEUCONOTE (Tem.) fig 1, mâle, f 2, femelle; f 3, rémige 4.ᵉ

PIC de L'OURAL, fig. 4, mâle; fig. 5, femelle; f 6, rémige 4.ᵉ

PIC CATHPHORIEN, fig. 7, mâle; f 8, femelle, f. 9, rémige 4.ᵉ

PICUS LEUCONOTUS (Bechst.)

PICUS URALENSIS (Malh.)

PICUS CATHPHORIUS (Hodgs.)

Lith. A. Compan.: Rousselet, 15, Paris

PIC de MACÉ , fig. 1, mâle; fig. 2, femelle f. 3, la queue; fig. 4 rémige 4.ᵉ PICUS MACEI (O. Cuv.)

PIC ANAL., fig. 5, mâle; f. 6, femelle; f. 7 rémige 4.ᵉ PICUS ANALIS (Horsf.)

PIC NUTTALI., fig. 8, mâle; f. 9, femelle; f. 10, rémige 4.ᵉ PICUS NUTTALLI (Gamb.)

P. Oudart. pinx.^t et Lith.

A. Malherbe. direx.^t

PIC des CACTUS; fig. 1 mâle; fig. 2. femelle, fig. 3. rémige 4.ᵉ   PICUS CACTORUM (d'Orb.ᵗ et de Lafr.)
PIC de JARDINE; fig. 4. mâle, fig. 5. femelle, fig. 6, rémige 4.ᵉ   PICUS JARDINII (Malh.)

Lith. A. Compan, r. Rousselet, 15, Paris.

Mennel, pinx.t et Lith.

A. Malherbe, direx.t

PIC KAMTCHTKADALE (Malh.) fig. 1, mâle, fig. 2, femelle, fig 3, rémige 4.e

PIC EPLICHETTE (Temm) fig 4, et 5, mâle et femelle, Var. d'Algerie, fig. 6, et 7 mâle et. fem. d'Europe (réduits)8, rémige 4.e grand. nat.

PIC BUCHERON (Malh) fig 9, mâle ad. fig. 10, femelle, fig. 11, j. mâle, fig. 12, rémige 4.e

PICUS KAMTCHATKENSIS (Bp.)

PICUS MINOR (Linn)

PICUS LIGNARIUS (Melina)

PIC DES ECHELLES (Malh) fig 1. mâle, ad fig 2. ♂ mâle, fig 3. femelle, fig 4. mâle var fig 5. remige 4ᵉ. PICUS SCALARIS (Licht) et fig 6. mâle var. à Orizaba, fig 7 var mâle Bairdi, fig 8 var femelle Bairdi (Sclat) les variétés.

PIC MAHRATTE (Malh). fig. 1, mâle; fig. 2, femelle; fig. 3, rémige 4ᵉ   PICUS MAHRATTENSIS (Lath)

PIC ᴅᴇ STRICKLAND (Malh) fig. 4, mâle; fig. 5, femelle; fig. 6, jeune mâle, fig. 7, rémige 4ᵉ PICUS STRICKLANDI (Malh)

PIC ᴅᴇ FÉLICIE (Malh) fig. 8, mâle, presque ad; fig. 9, mâle jeune, fig. 10, rémige 2ᵉ; 11, id du jeune. PICUS FELICIÆ (Malh)

Mesnel, Pinx.ᵗ et Lith

A. Malherbe direxᵗ.

Paris, lith. A. Compan, r. Rousselet, 15.

Mesnel, del & lith.

A. Malherbe, direx'.

PIC de WAGLER (Malh) fig 1.mâle, ad. fig. 2. j.mâle; f.3, femelle; f.4. rémige 4.ᵉ   PICUS WAGLERI (Malh).

PIC TURATI (Malh) fig. 5,jeune mâle; fig. 6, femelle; fig 7, remige 4.ᵉ   PICUS TURATI (Malh).

PIC MINULE (Vieill) fig. 8.mâle; fig. 9, femelle; fig 10, rémige 4.ᵉ   PICUS PUBESCENS (Linn).

Paris. Imp. A. Campan r. Hautefeuille, 15.

Mesnel, imp' et lith.   A. Malherbe, direx'

PIC CALLONOTH (Lafr.) fig 1, mâle; fig. 2, femelle; fig 3, remige 4.°   PICUS CALLONOTUS (Waterh.)
PIC TACHETÉ (Less.) fig. 4, mâle ad. fig. 5, femelle, fig 6, j. mâle, f 7, remige 4.° PICUS HYPERYTHRUS (Vig.)

Paris, Lith. J. Desjeux : Rousselet, 15.

Pl. XXXI

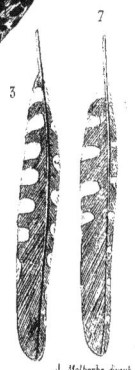

Mesnel, pinx.t et lith.

A. Malherbe, direx.t

PIC à POITRINE ROUGE (Vieil.) fig 1, mâle, 2, femelle, 3, rémige 4.e

PIC PLANTÉ (Malh.) fig 4, mâle ad., fig 5, mâle, f 6, femelle,7, rémige 4.e

PICUS RUBER (Gmel.)

PICUS QUERULUS (Wils.)

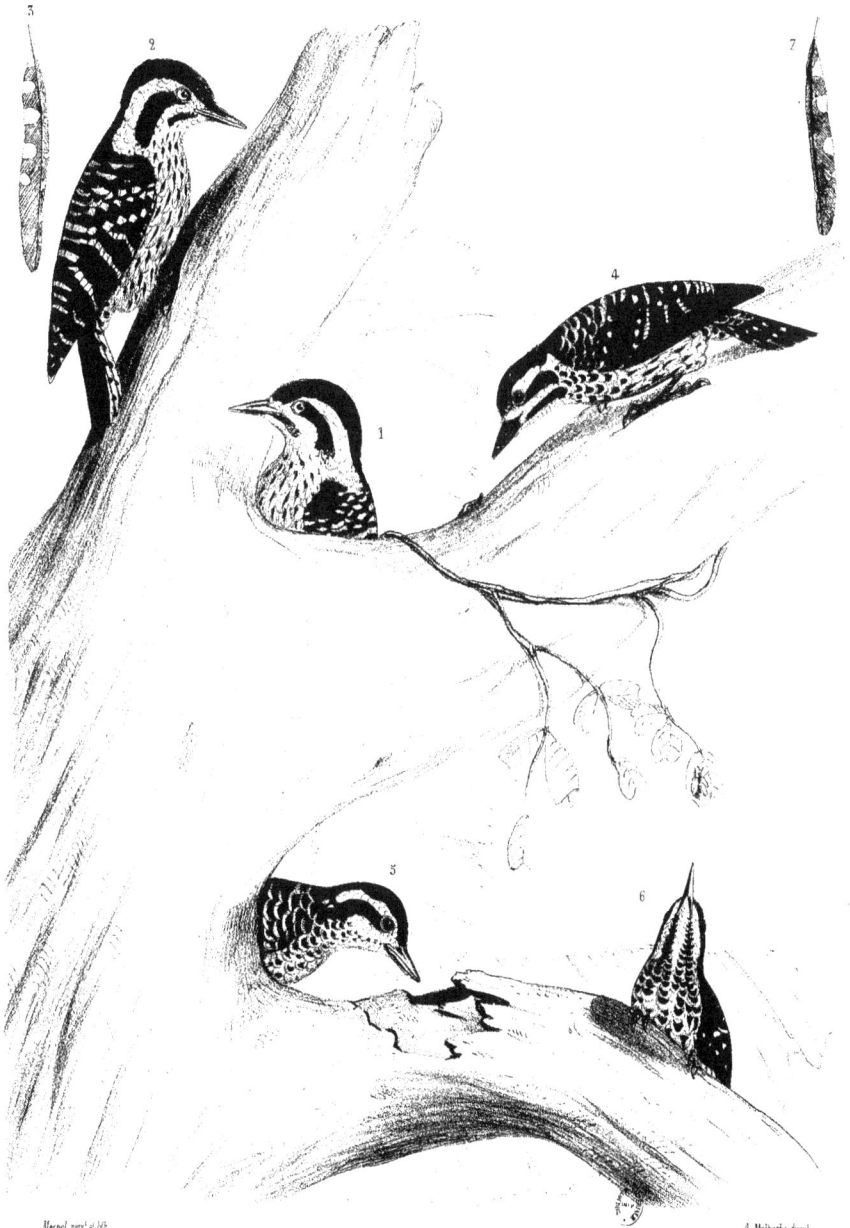

Mesnel pinx.¹ et lith

A.Malherbe direx.¹

PIC MITCHELL (Malh.) fig. 1, mâle; f. 2 femelle, f. 3 remige 4.ᵉ

PETIT PIC des MOLUQUES. Buff.¹ fig. 4, et 5 mâles, f. 6, femelle, f. 7 remige 4.ᵉ

PICUS MITCHELLI (Malh.)

PICUS MOLUCCENSIS (Gmel.)

PIC NAIN fig. 1 et 2, mâles ad , f 3. femelle; f 4 et 5. j.mâles; f 6 rectrice interme.; f 7. rémige 4e.   PICUS NANUS (Vig)
PIC BIGARRÉ. (Malh) fig 8. mâle; f. 9. femelle; f 10. rémige 4e   PICUS VARIEGATUS (Wagl).

Mesnel, uux² e. lith.

A. Malherbe, direx²

PICUS BICOLOR (Gmel.)
PICUS PYGMÆUS (Vig.)
PICUS SEMICIRONTUS (Malh)

Mesnel, pinx.[t] et lith.

A. Malherbe, direx.[t]

PIC OREILLARD (Malh.) fig.1, mâle.
PIC A CROISSANT (Malh.) fig.2, vieux mâle; fig.3, la queue; fig.4, rémige 4.[e]
PIC A PETITES OREILLES (Malh.) fig.5, mâle; fig.6, rémige 4.e f.7, femelle, fig.3, la queue.
MEGAPIE de SCLATER (Malh.) fig.8, mâle. (La planche VIII, fig.1, est la femelle.)

PICUS AURITUS (Eyton.)
PICUS MENISCUS (Malh.)
PICUS OTARIUS (Malh.)
MEGAPICUS SCLATERI (Malh.)

Paris.Lith.Compar.r.Rousselet.15.

Mesnel, père & Lith

A. Malherbe, Direx.

PIC KIZUKI, fig 1, mâle, f 2, femelle — PIC de TEMMINCK, fig 3, femelle
SPHYRAPIC WILLIAMSON, fig 4, mâle, aux ⅔.

PICUS KIZUKI (Temm) P.TEMMINCKI (Malh)
SPHYRAPICUS WILLIAMSONI (Newberry)

Paris, Auth Stoauer, Rue Roussolet. 15

SPHYRAPIC NATALIA. (Malh) fig. 1, femelle.

SPHYRAPIC VARIE, fig. 2, mâle ad. ; f 3, la femelle ; f 4, jeune ; f 5, rémige 4.e

SPHYRAPICUS (Baird) THYROIDEUS (Cassin)

SPHYRAPICUS (Baird) VARIUS (Linn.)

A. Malherbe, Direx.t

PICOIDE D'EUROPE. fig. 1, mâle, ad. f. 2, jeune mâle; f 3, très jeune mâle sortir du nid.
fig. 4 et 5 queues; fig. 6, femelle ad.

PICOIDES EUROPAEUS (Less.)

Mesnel pinx.t & Lith.   A. Malherbe, Direx.t

PICOIDE AMÉRICAIN, fig 1, mâle ad. f 2, femelle, f 3, la queue; f. 4, rémige 4.e   PICOIDES (Lacép.) AMÉRICANUS (Swains.)
PICOIDE ARCTIQUE, fig 5, mâle, f 6, femelle, f.7, la queue; f 8, rémige 4.e   PICOIDES (Lacép.) ARCTICUS (Swains.)

Paris l.m. Corpac, rue Rousselet, 35.

Mesnel, pinx.t et lith.

A. Malherbe, direx.t

PICOIDE KAMTCHATKADALE Malh. fig 1, mâle; f. 2, femelle; f 3, la queue; f 4, rémige 4.e
idem.   fig 5, jeune mâle, f 6, la queue.
PICOIDE de Le Conte, fig 7, le mâle.

PICOIDES CRISSOLEUCUS (Brandt)
idem.
PICOIDES LE CONTEI (Jaques)

MICROPIC (Malh.) TRAPU. (Temm.) fig 1, mâle ad. f. 2, j mâle; f 3, femelle; f 4. remige 4.[e]   MICROPICUS CONCRETUS (Temm.)

MICROPIC (Malh.) de HARTLAUB. (Malh.) fig 5, mâle ad. f 6, femelle; f 7, remige 4.[e]   MICROPICUS HARTLAUBII (Malh.)

A. Malherbe, direx.

MICROPIC CANENTE (Less.) fig. 1, mâle ; f. 2, femelle ; f. 3, rémige 4.e   MICROPICUS CANENTE (Less.)
DENDROPIC (Malh.) à double moustache fig. 4, mâle ad. f. 5, j. mâle. f. 6, femelle, f. 7, rémige 4.e   DENDROPICUS BIARMICUS (G. Cuv.)
DENDROPIC (Malh.) de SCHOA (Rupp.) fig. 8, mâle.   DENDROPICUS SCHOENSIS   (Rupp.)

Paris, lith. Cuypers & Mesurel. 13.

Pl. XLIII

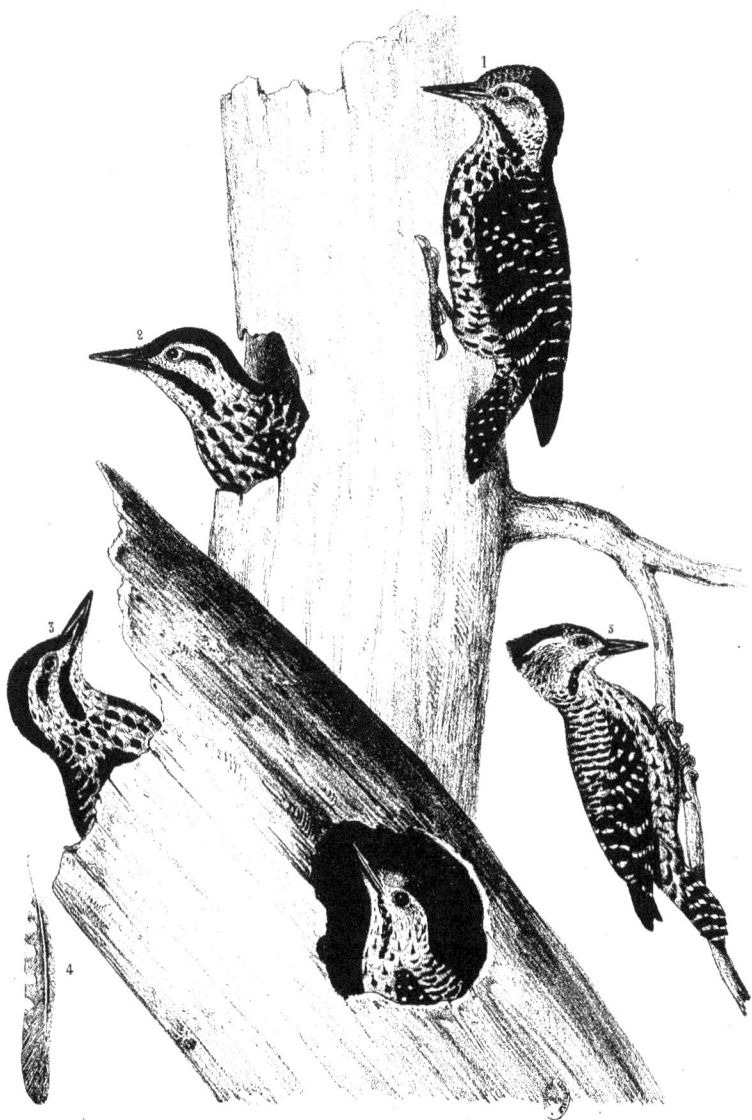

Mesnel, del, à lith.

A. Malherbe, Direx!

DENDROPIC (Malh.) à baguettes d'Or (Levaill.) fig. 1, mâle ad. f. 2, femelle; f 3, j. mâle. f. 4, remige 4°. DENDROPICUS FULVISCAPUS (Illig)
DENDROPIC (idem) de HEMPRICH. fig 5, mâle; f 6, femelle.   DENDROPICUS HEMPRICHII (Ehrenb)

A. Malherbe, Direx!

DENDROPIC à baguettes d'Or (Lewaill.) fig 1, mâle; f. 2, femelle
f. 3, mâle, f. 4, remige 4°
PTEROPIC. FRASER. (Malh.) f. 5, femelle
MESOPIC. SANGUINOLENTUS f. 6 mâle

DENDROPICUS FULVISCAPUS (Illig)

CELEOPICUS FRASERI (Malh.)
MESOPICUS SANGUINOLENTUS (Scla)

Imp. Lith Cornivo à Bruxelles 18

A.Malherbe, Direx.[1]

DENDROPIC (Malh.) de HARTLAUB (Malh.) fig 1,mâle; f 2. femelle; f.3, rémige 4.e   DENDROPICUS HARTLAUBII(Malh.)
DENDROPIC (Malh.) de LAFRESNAYE (Malh.) fig 4. mâle; f.5, rémige 4.e   DENDROPICUS LAFRESNAYI (Malh.)
DENDROPIC (Malh.) de DESMURS (Malh.) fig 6, mâle; f.7, femelle; f.8,rémige 4.e   DENDROPICUS DESMURSI (Malh.)

Paris, Lith. Campan, r. Rousselet, 15.

A. Malherbe, Direx.ᵗ

DENDROPIC (Malh) BLAFARD (Malh) fig. 1, mâle; f. 2, femelle; f 3, rémige 4ᵉ   DENDROPICUS OBSOLETUS (Wagl)
DENDROPIC (idem) MINUTULE (Malh) fig. 4, mâle; f.5, femelle; f.6, rémige 4ᵉ   DENDROPICUS MINUTUS (Temm)

Mesnel, del et lith.

A. Malherbe, direx.t

PHAIOPIC RUFINOTE (Malh.) fig.1, mâle; f. 2, femelle; f. 3, rémige 4ᵉ.   PHAIOPICUS RUFINOTUS (Malh.)
PHAIOPIC (Malh.) à queue courte. (Vieill.) fig 4, mâle; f 5, femelle; f 6, rémige 4ᵉ.   PHAIOPICUS BRACHYURUS (Vieill.)

Paris, lith Cerinon, r. Roussolet, 15.

Mesnel, del et lith.

A. Malherbe, direx.t

PHAIOPIC de JERDON (Malh.) fig. 1, mâle; f. 2, femelle; f. 3, j. mâle; f. 4 rémige &.c PHAIOPICUS JERDONII (Malh.)
PHAIOPIC (Malh.) Hausse col noir (Vieill) fig. 5, mâle; f. 6, femelle; f. 7, rémige 4.e PHAIOPICUS PECTORALIS (Lath.)

Paris Lith Compan, r Nousselet. 15.

Neznel del et lith.

A. Malherbe, direx.ᵗ

PHAIOPIC (Malh.) Triste, fig 1, mâle; f. 2, femelle; f. 3, rémige 4ᵉ   PHAIOPICUS TRISTIS (Horsf.)
PHAIOPIC (id.) a poitrine rayée (Malh.) fig. 4, mâle, f. 5, femelle, f. 6, rémige 4ᵉ   PHAIOPICUS GRAMMITHORAX (Malh.)

Paris, Lith. Compan.r Rousselot, 13.

Mesnel, del et lith.

A. Malherbe, dirext

CHLEOPIC (Malh.) PORPHYROIDE, fig. 1. mâle; f. 2. femelle, f. 3. remige 4.ᵉ
CHLEOPIC à Oreilles rouges (Malh.) f. 4. mâle; f. 5. femelle, f. 6. remige 4.ᵉ

CHLEOPICUS (Malh.) PORPHYROMELAS (Boie)
CHLEOPICUS (id.) PYRRHOTIS (Hodgs.)

Paris, Lith. Cosson, r. Racinetté 15.

Mesnel, del et lith.

A. Malherbe, direx.t

CÉLÉOPIC (Malh.) MARRON (Malh.) fig. 1, mâle; f. 2, femelle; f. 3, rémige 4.ᵉ   CELEOPICUS (Malh.) CASTANEUS (Licht.)
CÉLÉOPIC à mille raies, (Malh.) fig. 4, mâle; f. 5, femelle.   CELEOPICUS MULTIFASCIATUS (Malh. ex-Natt.)
CÉLÉOPIC, roux, (Huff.) fig. 6, mâle; f. 7, femelle.   CELEOPICUS RUFUS (Gmel.)

Paris, Lith. Compar. r. Hauteselei, 15.

Mesnel, del. et Lith.

A. Malherbe, direx.¹

CÉLÉOPIC de VERREAUX (Math.) fig 1, mâle: f.2, femelle.. f.3, rémige 4ᵉ
CÉLÉOPIC BARRIOLÉ (Math.) fig. 4, mâle; f.5, femelle; f.6, rémige 4ᵉ

CELEOPICUS VERREAUXII (Math.)
CELEOPICUS GRAMMICUS (Math. ex Natt.)

Paris, Lith. Compan. r. Houssaiet. 11.

Mesnel, del et lith

A. Malherbe, direx.t

CÉLÉOPIC à Cravate noire (Buff) fig. 1. mâle; f. 2. femelle; f. 3. rémige 4.e   CELEOPICUS MULTICOLOR (Gmel.)
CÉLÉOPIC CRYSSURELUI (Malh) f. 4. mâle; f. 5. femelle; f. 6. rémige 4.e   CELEOPICUS TINNUNCULUS (Wagl.)

Mesnel, del et lith.

A. Malherbe, direx!

CÉLÉOPIC à Huppe paillée (Valenc) fig 1, mâle, f 2, femelle, f 3 et 4, mâles variés, f 5, remige 4.ᵉ   CELEOPICUS FLAVESCENS (Gmel)

Paris Lith Camgou e Nourmest. 13

Mesnel, del et lith.

A. Malherbe, direx.ᵗ

CÉLÉOPIC LUGUBRE (Malh.) fig. 1.mâle; f. 2, femelle, f. 3, mâle; f 4, femelle var.
CÉLÉOPIC OCHREUX (Malh. ex Spix) f. 5, mâle; f. 6, femelle.

CELEOPICUS LUGUBRIS (Natt.)
CELEOPICUS OCHRACEUS (Spix.)

Paris. lith. Compan r. Monssalet, 15.

PL. LV

Mesnel, del et lith

A. Malherbe, direx.!

CÉLÉOPIC CANELLE (Spix.) fig. 1, mâle; f 2, femelle. f 3, remige 4.e
CÉLÉOPIC JAUNET (Valenc.) fig 4, mâle, f 5, femelle. f 6, 3, mâle varié f 7, rémige 4.e

CELEOPICUS JUMANA (Spix.)
CELEOPICUS EXALBIDUS (Gmel.)

Paris. Lith Compan, r. Hauszelet. 13.

Mesnel, del. P Lith.

A. Malherbe, direx.

CÉLÉOPIC (Malh.) MORDORÉ (Buff.) fig. 1. mâle; f 2. femelle; f 3. rémige 4°
CÉLÉOPIC REICHENBACH (Malh.) f. 4. mâle; f 5. femelle; f 6. rémige 1°

CELEOPICUS CINNAMOMEUS (Gm.)
CELEOPICUS REICHENBACHI (Malh.)

Mesnel, del & Lith.

A. Malherbe, direx.t

MÉSOPIC de CABOT (Malh.) fig 1, mâle, f 2, rémige 4.e

MÉSOPIC ENFUMÉ (Malh.) fig 3. mâle; f 4. femelle; f 5 rémige 4.e

MÉSOPIC OLEAGINEUX Malh. ex Licht.) fig 6 mâle, f 7 femelle f 8.rémige 4.e

MESOPICUS CABOTI (Malh.)

MESOPICUS (Malh.) FUMIGATUS (Derb.et de Lafres.)

MESOPICUS OLEAGINUS (Licht.)

Mesnel, del et Lith.

A Malherbe, dirext

MÉSOPIC de CASSIN (Malh.) fig. 2, mâle ad: f. 3, j. mâle, f. 4, rémige 4.^e
MÉSOPIC MURIN (Malh.) f. 5, mâle ad, f 6, mâle j, f 7, femelle. f. 8, rémige 4.^e
MÉSOPIC PYRRHOGASTRE (Malh.) f. 9, mâle. f 10, femelle.
MÉSOPIC de KIRTLAND (Malh.) f 1. mâle

MÉSOPICUS CASSINI (Malh.)
MÉSOPICUS MURINUS (Malh ex natt)
MESOPICUS PYRRHOGASTER (Malh.)
MESOPICUS KIRTLANDI (Malh.)

Paris Luth Compon r Roussefet. 15.

Mesnel, del & Lith.

A. Malherbe, direx.t

MÉSOPIC à tête noire, fig. 1, mâle; f. 2, femelle, f. 3, rémige 4.   MÉSOPICUS NIGRICEPS (D'Orb.et de Lafresn.)
MÉSOPIC OLIVÂTRE (Malh.) f. 4, mâle; f. 5, femelle; f. 6, rémige 4.   MÉSOPICUS OLIVINUS (Malh. ex natt.)
MÉSOPIC de KIRK (Malh) f. 7, mâle; f. 8, femelle, f. 9. rémige 4.   MÉSOPICUS KIRKII (Malh)

Paris, Lith. Cosson, r. Rousselet, 16

Mesuel, del et lith   A. Malherbe, direx.t

MÉSOPIC de CÉCILE (Malh.) fig.1,mâle; f.2, femelle; f.3, rémige 4.e   MESOPICUS CECILIAE (Malh.)
MÉSOPIC SANGUINOLENT (Malh.) f.4, mâle; f.5, femelle; f.6,rémige 4.e   MESOPICUS SANGUINEUS (Licht.)
MÉSOPIC ASPERGÉ (Malh.) f.7,mâle; f.8,femelle; f.9,rémige 4.e   MESOPICUS ADSPERSUS (Natt.)

Paris, lith. Cougnon, r. Housselet, 15.

Meunel, del et lith.

A. Malherbe, direx.t

DRYOPIC aux pennes brunes. (Malh. ex Sclat.) fig. 1, mâle
MESOPIC aux stigmates rouges (Malh.) fig. 2, mâle adulte; f. 3, j femelle.
         f. 4, femelle adulte, f. 5, autre mâle, f. 5 bis, rémige 4e.
MESOPIC à nuque d'or (Malh.) f. 6, mâle. f. 7, femelle. f. 8, rémige 4e.

DRYOPICUS (Malh.) FUSCIPENNIS (Sclat.)
MESOPICUS HOEMATOSTIGMA (Malh.ex natl.)

MESOPICUS AFFINIS.

Mesnel, del et lith

A Malherbe, direx.t

MESOPIC de SÉLYS (Malh.) fig 1, mâle, f 2, femelle, f 3, rémige 4.ᵉ   MESOPICUS SELYSII (Malh.)

MESOPIC PASSERIN (Ex Linn.) f 4, mâle, f 5, femelle, f 6, rémige 4.ᵉ   MESOPICUS PASSERINUS (Linn.)

MESOPIC (Malh.) du Capt (Less) f 7, mâle, f 8, femelle; f 9, rémige 4.ᵉ   MESOPICUS CAPENSIS.

Paris Lith Compan, rue Rousselet 15.

Mesnel, del et lith.

A. Malherbe, direx.

MÉSOPIC GOERTAN (Ex Gmel.) fig. 1, mâle; f. 2, femelle; f. 3, rémige 4.ᵉ
MÉSOPIC POLIOCÉPHALE (Malh.) f. 4, mâle; f. 5, femelle; f. 6, rémige 4.ᵉ

MESOPICUS GOERTAN (Gm.)
MESOPICUS POICEPHALUS (Rupp. ex Sw.)

Paris, Imh Campan, rue Roussolet, 15.

Mesnel, del et lith.

A. Malherbe, direx!

INDOPIC (Malh.) SULTAN (ex bad gs.) fig. 1, mâle; f. 2, femelle; f. 3, rémage 4.ᵉ
INDOPIC de DELESSERT (Malh.) f. 4, femelle; f. 5, mâle.

INDOPICUS SULTANEUS
INDOPICUS DELESSERTI.

Pl. LXV.

Mesnel, del et lith.

A. Malherbe, direx.t

INDOPIC (Malh.) PLATUCK (Less.) fig. 1. male, f. 2. femelle. f. 3. j mâle, var f 4. rémige 4.e f 5. patte. INDOPICUS STRICTUS (Hors.)

Paris Lith. Compan. rue, Rousselet, 15.

Mesnel, Del & Lith.

A. Malherbe, Direx.

INDOPIC (Math.) de GOA (Valenc.) fig. 1 mâle, f. 2 femelle   INDOPICUS GOENSIS (Gmel.)
INDOPIC des PHILIPPINES (Less.) f. 3 mâle, f. 4 femelle.   INDOPICUS PHILIPPINARUM (Sonner.)

Imp. Lith. Cosson r. Hautecille 18

PL. LXVII.

Mesnel, del et lith.

Malherbe, direx.[?]

INDOPIC CHARLOTTE (Malh.) fig 1, mâle, f 2, mâle moins adulte   INDOPICUS CARLOTTA

f 3, jeune, f. 4, femelle, f. 5, rémige primaire, f. 6, rémige secondaire.

Paris, Lith. Cocquer. r. Rousselet. 13.

Mesnel, del et lith.

Malherbe, direx.

INDOPIC. SPHILOLOPHE (Less.) fig. 1, mâle, f. 2, j. mâle
f. 3, femelle. f. 4, rémige 4ᵉ

INDOPICUS (Malh.) HÆMATRIBON (Wagl.)

Paris, imp. Lemercier, r. Rousselet 13

Pl. LXIX

A Malherbe direx!

BRAHMAPIC(Malh.)A DOS ROUGE (Vieill.) fig. 1. mâle;
fig. 2. autre mâle fig. 3. femelle; fig. 4. remige 4.e
BRAHMAPIC DU BENGALE (Buff) fig. 5. mâle; fig 6. femelle; fig. 7. remige 4.e

BRAHMAPICUS ERYTHRONOTUS (Vieill.) !

BRAHMAPICUS BENGALENSIS (Linn)

Paris Lith Compau rue Rousselet 15

Mesnel, Del. S Lith.

J. Malherbe, Direx.

BRAHMAPIC PUNCTICOLL (Malh). fig. 1, femelle. f. 2, mâle. f. 3, remige 4.f.4, la patte.   BRAHMAPICUS PUNCTICOLLI (Malh).
CHLOROPICOÏDE à CROUPION ROUGE (Malh) f. 5, femelle.   CHLOROPICOIDES RUBROPYGIALIS (Malh).

Paris, Lith. Cosson, r. Plumet, 15

PL. LXXI

Mesnel del & lith.

Malherbe direx.t

CHLOROPICOIDE ou SCHORI (Malh.) fig. 1 mâle, f.2. femelle
f.3. remige 4.e f. 4. patte.
CHLOROPICOIDE TIGA (Raffle) f.5 mâle f.6 femelle f.7 remige 4.e

CHLOROPICOIDES SCHORII (Malh.)

CHLOROPICOIDES TIGAE (Raffle)

Paris, lith. Becquet à Bruxelle.

Vesnel Del, à Lith

A. Malherbe Direx.t

CHLOROPICOÏDE de RAFFLES. Vig.t fig.1.mâle, f.2. femelle,
f.3.j.mâle, f.4.remige 4.e
CHLOROPICOÏDE GRANTIA (M.c Clell.) f.5.mâle, f.6.femelle.

CHLOROPICOIDES RAFFLESII.

CHLOROPICOIDES GRANTIA.

A. Malherbe, dirext

CHLOROPIC à nuque jaune (Malh) fig 1 male.
f 2, femelle. f 3 j femelle. f 4, plumage 4.°

OR OROPICUS FLAVINUCHA (Gould)

Mesnel, Del & lith

A. Malherbe, Direx.[t]

CHLOROPIC à huppe verte (**Malh**.) fig 1, mâle, f. 2, femelle.
f. 3, j. mâle, f. 4, rémige 4.[e]
CHLOROPIC GRENADIN (**Temm**.) fig 5, mâle, f. 6, femelle.
f. 7, rémige 4.[e]

CHLOROPICUS CHLOROLOPHUS (Vieill.)

CHLOROPICUS PUNICEUS (Horsf.)

Paris Lith Canjanon r. Vaugirard, 15.

Manuel del et Lith   A. Malherbe direx!

CHLOROPIC XANTHODÈRE (Malh) fig 1, mâle; f.2, femelle; f.3, rémige,4.5   CHLOROPICUS XANTHODERUS (Malh)
CHLOROPIC GORGERET (Temm) f.4, mâle; f.5, femelle; f.6, rémige,4.e   CHLOROPICUS MENTALIS (Temm)

Paris Lith Choisyen r. Roussetet 15.

Messil. del.   J. Malherbe. dir.

Lrss

Temm.   US Temm.

CHLOROPIC STRIOLO. Ex Blyth. fig 1. mâle. f. 2. femelle.
f. 3. remige 4°
CHLOROPIC OCCIP. fab. f 4. mâle. f 5. femelle f 6. remige 4°

CHLOROPICUS STRIOLOTUS (Blyth)
CHLOROPICUS OCCIPITALIS (Vigors)

CHLOROPIC ECAILLÉ (Ex.Less.) fig.1 mâle; f.2. j.mâle. CHLOROPICUS SQUAMATUS (Vigors)
f. 3. femelle; f.4. rémige 4.°

Mesnel del et Lith

A Malherbe direx.t

CHLOROPIC VERT. (Malh) fig 1.mâle, f.2. femelle.
f 3.] male; f 4.] femelle: f 5. rémige, 4.e

CHLOROPICUS VIRIDIS

Lith. Compön rue Rivanvebe. N.º 15.

CHLOROPIC AWOKERA (Malh ex Temm) fig 1. male. f 2 femelle; f 3. remige 4?
CYLOROPIC DE GUERIN (Malh) f 4. mâle. f 5. femelle. f 6 remige 4

CHLOROPICUS AWOKERA
CHLOROPICUS GUERINI

Lith. Gerrin — Grenoble 7770

Pl. LXXXI

Mesnel del & lith.

A. Malherbe, direx.t

CHLOROPIC CENDRÉ (Temm.) f.1 mâle f.2 femelle f.3 rémige 4°   CHLOROPICUS CANUS (Gmel.)

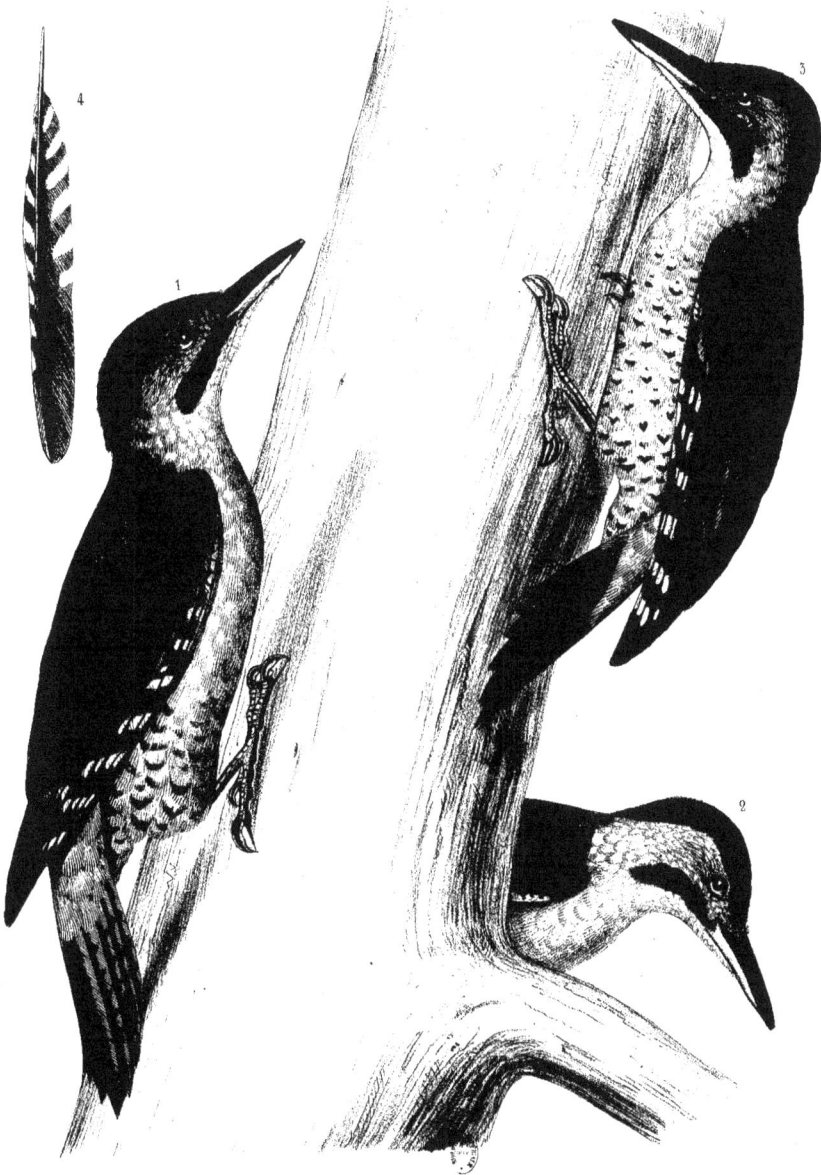

Mesnel, del et Lith   A. Malherbe, direx.t

CHLOROPIC le VAILLANT (Malh.) fig. 1, mâle encore jeune f.2. femelle ad. CHLOROPICUS VAILLANTII (Malh.)
f. 3, j mâle de l'année, f. 4, remige 4.e

Paris Imp. Cosson et Rousseau 15

CHLOROPIC MONTE-BLANCO, Malh. f. 1. mâle; f. 2. femelle; f. 3. remige. 4°   CHLOROPICUS POLYZONUS (Temm.)
CHLOROPIC CAPISTRATE, Ex natl f. 4. mâle; f. 5. femelle; f. 6. remige. 4°   CHLOROPICUS CAPISTRATUS (Natl.)

Mesnel, del & lith.

A. Malherbe, direx.‘

CHLOROPIC CHRYSOCHLORUM Vieill.) fig. 1 mâle, f 2, femelle f 3, rémige. 4:CHLOROPICUS CHRYSOCHLORUS Vieill.
CHLOROPIC BRUN-DORÉ (Ex-virid) f 4, mâle, f 5, femelle f 6, rémige. 4:   CHLOROPICUS AURULENTUS (Illig.)

Paris, Imp. Cosmos. r. Vaugelet, 18.

Mennel, del et Lith.

A. Malherbe, direx!

CHRYSOPIC CHLORIS (Malh.) fig. 1. mâle. f. 2. femelle. f. 3. rémige 4.º

CHRYSOPIC MELANOCHLORI (Malh.) f. 4. mâle. f. 5. femelle. f. 6. rémige 4.º

CHRYSOPICUS CHLOROSOSTUS (Wagl.)

CHRYSOPICUS MELANOCHLORUS (Gmel.)

CHLOROPIC DU BRÉSIL. fig.1, mâle; fig. 2, femelle   CHLOROPICUS BRESILIENSIS
CHLOROPIC   fig. 3, mâle; fig. 4, femelle; fig. 5, remige 4.ᵉ   CHLOROPICUS LEUCOLOEMUS

PL. LXXXVI

Mesnel del et lith

A Malherbe direx

CHLOROPIC POIGNARDÉ (Temm.) fig.1.mâle; f 2. femelle; f 3. rémige 4.ᵉ CHLOROPICUS PERCUSSUS (Temm)
CHLOROPIC à GORGE JAUNE (Malh.) f 4. mâle; f 5. vieux mâle; f 6. femelle; f 7 rémige 4.ᵉ CHLOROPICUS CHLOROCEPHALUS (Gmel).

lith. Becquet frère Becquet N.º 15. Paris

CHLOROPICUS GORGE ROUGE (Malh.) ♂ mâle et ♀ femelle ♀ femelle 4°
CHLOROPICUS de CAYENNE (ex Valenc) ♂ et femelle. SUBSPÉCIOSUS (Sclat) ♂ mâle et ♀ femelle

CHLOROPICUS ERY THROPIS (ex Vieill Bonap)
CHLOROPICUS CAYENNENSIS (ex Gmel)

Hunel, del et lith.

A. Malherbe, direx.

CHRYSOPIC ICTEROMELE (Malh.) fig 1. mâle, f 2. femelle, f 3. rémige 4°
CHRYSOPIC à COU NOIR (Malh.) f 4. mâle.

CHRYSOPICUS ICTEROMELAS (Vieill)
CHRYSOPICUS ATRICOLLI (Malh.)

Paris lith Cuspan – Rousselot, 15.

Mesnel ad nat lith.

A. Malherbe pinx.

CHRYSOPIC CHRYSOMELAS (Malh) fig 1 male, f 2, femelle, f 3, rectriée 4ᵉ
CHRYSOPIC RUBIGINOSUS (ex Swain) f 4 mâle, f 5 femelle, f 6 rectriée 4ᵉ
CHRYSOMIC a CORGE NOIRE (Malh) f 7 mâle, f 8 femelle, f 9, rectriée 4ᵉ

CHRYSOPICUS   CHRYSOMELAS (Malh)
CHRYSOPICUS   RUBIGINOSUS (Swain)
CHRYSOPICUS   MELANOLAEMUS (Malh)

Vide Conspectus Conorum Nᵒ 55 Pto

Mesnel, del et lith.

A. Malherbe, dirext.

CHRYSOPIC ŒRUGINEUX. f 1, mâle ; f 2, femelle, f 3, rémige 4.ᵉ
CHRYSOPIC GRISONNANT (Malh.) f 4, mâle, f 5. femelle, f 6, autre mâle,
f. 3, rémige 4.ᵉ

CHRYSOPICUS ŒRUGINOSUS (Licht.)

CHRYSOPICUS CANIPILEUS (Lafren & d'Orb.)

Paris, lith A. Compan z. Rousselet, 15

Nismel del et Lith

A Mallerbe fürer.

CHRYSOPIC (Malh) du GABON fig.1, mâle; fig.2 femelle; f.3 rémige 4ᵉ   CHRYSOPICUS GABONENSIS (Malh ex Verreaux)
CHRYSOPIC du PRINCE CHARLES f.4 mâle; f.5 rémige 4ᵉ   CHRYSOPICUS CAROLI (Malh)
CHRYSOPIC à BEC COURT f.6 mâle; f.7 femelle; f.8 rémige 4ᵉ   CHRYSOPICUS BRACHYRHYNCHUS (Swains)

Lith Campan rue Ponzelet, N°15 Paris

Mesnel del et lith.

4 Malherbe direx.

CHRYSOPIC NEIGEUX (Malh ex Sw.) fig 1. mâle, f 2. femelle
CHRYSOPIC A DOS VERT f 3. femelle.
CHRYSOPIC POINTILLE (Malh) f4 mâle f 5 femelle f 6 œuf femelle f 7 rempieé?

CHRYSOPICUS NIVOSUS (Swain
CHRYSOPICUS CHLORONOTUS Val.
CHRYSOPICUS PUNCTIGULUS (Wagl)

Lith Gaupon rue Bonssedet N° 15 Paris

A. Malherbe. direx'

CHRYSOPIC(Malh) de BRUCE. fig. 1. mâle
CHRYSOPIC Tacheté de NUBIE (Briff) fig.2. mâle f.3. femelle
fig 4. Jeune mâle; f. 5 Jeune femelle; f.6. remige 4.e

CHRYSOPICUS BRUCEI (Malh)
CHRYSOPICUS NUBICUS (Wagl)

Lith. Cosson rue Poutevire N°15 Paris

CHRYSOPIC ÉTHIOPIEN (Malh) fig 1 mâle; f 2 femelle; f 3 jeune femelle
CHRYSOPIC A QUEUE DORÉE (Malh) f 4 mâle; f 5 femelle; f 6 rectrice 4ᵉ

CHRYSOPICUS ÆTHIOPICUS (Ruppel.)
CHRYSOPICUS CHRYSURUS (Swain)

Mesnel del et lith

A Malherbe direx.^t

CHRYSOPIC D'ABINGTON (♂ adulte 1 ♀ femelle 2 ♂ rouge 3)
CHRYSOPIC THORE (Le Vaill.) (♀ adulte 4 ♀ femelle 5 ♂ rouge 4)

CHRYSOPICUS ABINGONI (Smith)
CHRYSOPICUS NOTATUS (Licht)

Lith. Becquet Frères à Paris

PL. XCVI

MELAMPIC LEWIS (Wils) fig 1 vieux mâle, f 2, id femelle.
f 3 mâle, ad f 4 femelle ad
f 5 jeune femelle

MELAMPICUS TORQUATUS (Audub)

Mesnel del et lith

A Malherbe direx!

PL. XCVII

MÉLAMPIC ERYTHROCEPHALE (Malh ex Linn) fig.1 mâle ad. (2 et 3 jeunes femelles (4 remige 4.e
.... PORTO-RICO (Mangé) f.5 mâle: 6 remige 4.e

MELAMPICUS ERYTHROCEPHALUS
MELAMPICUS PORTO-RICENSIS (Daubin)

Mesnel del. et Lith.

A. Malherbe direx.'

MALHERBICA FRONTBONOT (Spix) f.3 1 mâle, 1 & femelle, f. 3 remâge?*
MELAMPIC HIRUNDBACIL (Drap) f 4 mâle f 5 femelle.
f. 6 jeune mâle f.7 remâge v?

MELAMPICUS RUBRIRONS (Spix
MELAMPICUS HIRUNDBNACEUS femelle

Imp. Lemercier à Bruxelles. 1855.

Manuel del et Lith.

Malherbe direx.

MÉLAMPIC FORMICIVORUS (Less) fig 1 mâle, f.2 femelle; f 3 j femelle f 4 remige 4.^e
MÉLAMPIC à GORGE JAUNE (Malh) f 5 mâle f 6 femelle; f 4 remige 4.^e

MELAMPICUS FORMICIVORUS(
MELAMPICUS FLAVIGULA (Natter)

Imp Cerman rue Fleurus Int N°15

Manuel del et lith.

A Malherbe direx

MÉLAMPIC CHEPMNIER (Less) mâle
MÉLAMPIC A FRONT JAUNE (Wail) fig 2 à 5 réduces, 3 G re leuf 5 wronge 4.
MÉLAMPIC A GORGE CITRINE (Malh) f 6 mâle

MÉLAMPICUS HESSMINERI (Less)
MÉLAMPICUS FLAVIFRONS
MÉLAMPICUS XANTHOLARYNZ (Bloch)

Pl. CI

Mennel del et lith.

A Mallerbe direx'

MELAMPIC DOMINICAIN (Malh ex Vieill) f 1 mâle f 2 femelle.
XENOPIC MASQUE BLANC (Malh) f 3 mâle f 4 femelle f 5 rémige 4ᵉ

MELAMPICUS DOMINICANUS (Vieil)
MELAMPICUS ALBOLARVATUS (Cassin)

Imp Lemercier rue Bonaparte 15

Mesnel del et lith

A.Malherbe direx'

PIC-ZEBRÉ SUPERCILIAIRE (Malh ex Temm) fig 1 mâle, f.2 femelle, f.3 rémige 4.°
id   id   Variés blanche f.g.4.
PIC-ZÉBRÉ ÉLÉGANT (ex Swain) f.5 mâle, f.6 femelle, f.7 rémige 4.°

ZEBRAPICUS SUPERCILIARIS (Temm)
id   id
ZEBRAPICUS ELEGANS (Swain)

Mesnel ed à Lith.

A. Malherbe direx!

PIC-ZÉBRÉ PUCHERAND (Malh) 1 mâle 2 femelle 3 remige !
PIC-ZÉBRÉ À ANAN CENDRÉ (Malh) N 4 mâle 5 femelle 1 6 remige 4 9
PIC-ZÉBRÉ CAROLIN (Val) 6 mâle 7 femelle 7 8 remige 4 9

ZEBRAPICUS PUCHERANI (Malh)
ZEBRAPICUS HYPOPOLIUS (Malh)
ZEBRAPICUS CAROLINUS (Linn)

Imprimé par Becquet à Paris 24 15

Mesnel, del & lith.

A. Malherbe, direx.^t

FIC ZÉBRÉ à FRONT D'OR (Malh. ex lacht.) f. 1, mâle, f. 2, femelle, f. 3, mâle, f. 4, ramâge 4.°   ZEBRAPICUS AURIFRONS (lacht.)
PIC ZÉBRÉ de la JAMAIQUE (Buff.) f. 5, mâle, f. 6, femelle, f. 7, ramâge 4.°   ZEBRAPICUS VARIOLOSUS (Wagl.)

Paris, Imp. Cattoen & Rousselet. 19

Mesnel, del. t lith.

A. Malherbe, direx.

PIC-ZEBRE AUX YEUX ROUGES (Malh. ex Lich.) f. 1, mâle, f. 2, femelle, f. 3, remige 4.ᵉ   ZEBRAPICUS ERYTHROPHTHALMUS (Licht.)

PIC-ZEBRE DE SANTA-CRUZ. (Ex Bonap.) f. 4, mâle, f. 5, femelle, f. 6, rémige 4.ᵉ   ZEBRAPICUS SANTA-CRUZI (Bonap.)

Imp. Lith. Becquet à Bruxelles. 1862.

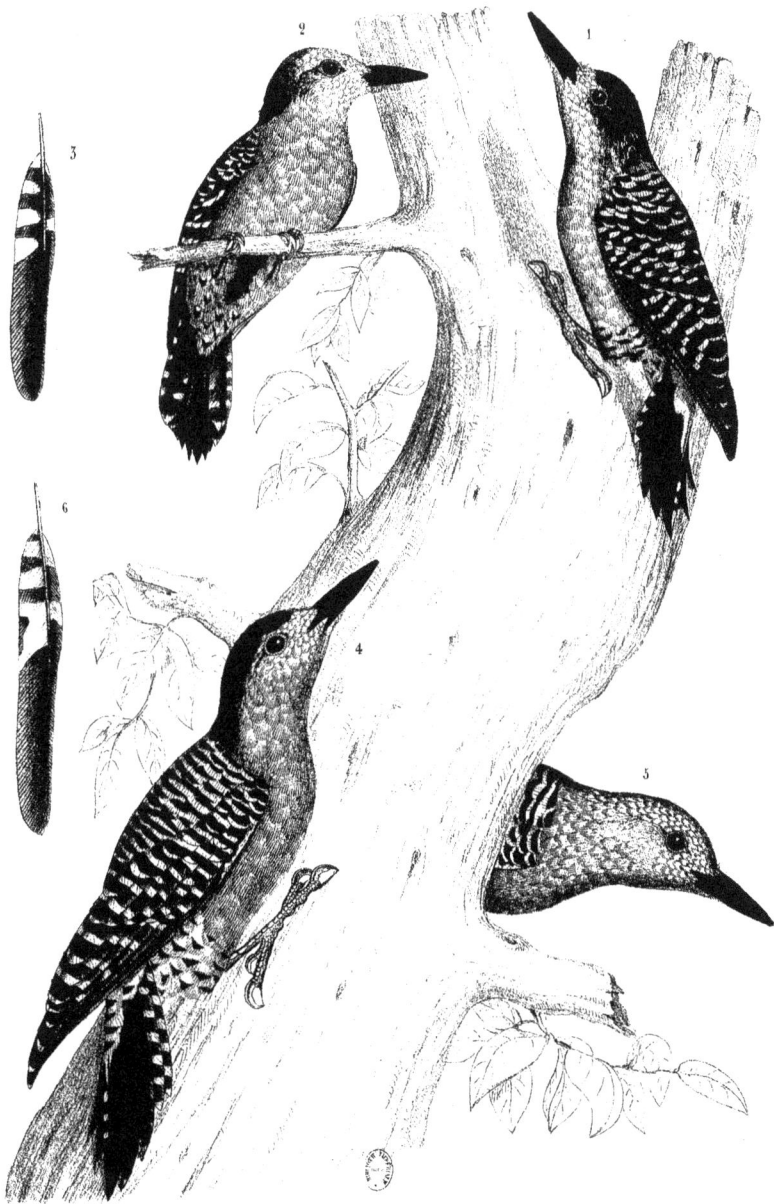

Mennel, del & lith.

A. Malherbe, direx!

PIC-ZÈBRE TRICOLOR (Wagl.) f.1. mâle, f.2. femelle, f.3 rémige 4.º
PIC-ZÈBRE DE KAUP (Bonap) f.4. mâle, f.5 femelle, f.6. rémige 4.º

ZEBRAPICUS TRICOLOR (Wagl.)
ZEBRAPICUS KAUPI (Bonap.)

Imp. Lith. Comper r. Rousselet 15

Mesnel, del. & Lith.

A. Malherbe, direx.¹

PIC-ZÉBRÉ a VENTRE SANGUIN (Swains.) [1, mâle.
PIC-ZÉBRÉ de St DOMINGUE (Malh.) [2, mâle, [3, mâle encore jeune.

ZEBRAPICUS RUBRIVENTRIS (Swains.)
ZEBRAPICUS STRIATUS (Gmel.)

Paris CN. Savigny.a Reaca.éd.

PL. CVIII

Mesnel, del & lith.

A. Malherbe, direx.t

GÉOPIC CHAMPÊTRE (Malh.) f. 1. mâle, f. 2. femelle, f. 3. rémige 4.e
GÉOPIC AGRICOLE (Malh.) f. 4. mâle, f. 5. femelle, f. 6. rémige 4.e

GEOPICUS CAMPESTRIS (Wagl.)
GEOPICUS AGRICOLA (Malh.)

Paris, lith. Cassan. r. Pavement, N.° 15.

Mesnel, del et lith.

A. Malherbe, direx.

CÉOPIC CHRYSOÏDE (Malh.) f 1, j mâle, f 2, queue, f 3, aile f 4, femelle
CÉOPIC DORÉ (Ex-vieill.) f 5, mâle, f 6, femelle, f 7, j mâle.

GEOPICUS CHRYSOIDES (Malh.)
CEOPICUS AURATUS (Linn.)

Paris, Imp. Compere, n, Rennelet, 18.

Mesnel, del. et lith.

A. Malherbe, direx.

CÉOPIC MEXICANOIDE (Lafres.) 1, mâle, 2.9, femelle, 3.3, plumage 4.ª

CEOPIC MEXICAIN (Malh. ex Less.) 2.4, mâle, 5, femelle, 6.3, plumage 4.ª

CHRROLUS RUBICATUS (Wagl.)

CHIOPICUS MEXICANUS (Swains.)

Mesnel, del et Lith.   A. Malherbe, dirext

GÉOPIC LABOUREUR (Levail.) f.1, mâle, f.2, femelle, f.3, rémige 4e   CHOPICUS ARATOR (G. Cuv.)

GÉOPIC CHILIEN (Ex-Less.) f.4, mâle, f.5, femelle, f.6, rémige 4e   GEOPICUS CHILENSIS (Garnot et Less.)

GEOPIC RIVOLI. Malh? f. 1, mâle; f. 2, femelle; f. 3, j. mâle; f. 4, j. femelle; f. 5, rémige 3ª   CTOPICUS RIVOLII (Boiss.)

Mesnel, de. et lith.   A. Malherbe, dirext

C.OPIC des ROCHERS (d'Orb) f.1.mâle, f.2, femelle; f.3, corrige 4.°
PIC FERNANDO Ex R.de la Sagra; f.4 mâle; f.5 femelle.

COPICUS RUPICOLA
CUOPICUS FERNANLINAE.(Vig)

Mesnel del et lith.

A. Malherbe direx

CHRYSOPICO MOUCHETÉ (Malh) (1) mâle, (2) femelle.
MÉLAMPIC A COLLIER (3) mâle femelle (Malh)

CHRYSOPICUS PERSPICILLATUS. (Liccht)
MELAMPICUS TORQUATUS.

Lith. Becquet rue Rousselet 13 Paris

A. Malherbe, direx.

PICUMNOÏDE ABNORME (Temm.) f. 1. femelle.
PICUMNE TACHETÉ DE BLANC (d'Orb.) f. 2. mâle.
PICUMNE PYGMÉ (Licht.) f. 3, mâle. f. 4. femelle. f. 5.) mâle

PICUMNOÏDES ABNORMIS
PICUMNUS ALBOSQUAMATUS
PICUMNUS PYGMÆUS.

1

2

5

6

4

Mesnel del et lith

A.Malherbe direx

PICUMNE TEMMINCK (Lafres) fig 1 mâle, 2 femelle.
PICUMNE PELIEI (Mall) 3 mâle, 4 femelle.
PICUMNE DE BUFFON (Lafres) 5 mâle, 6 femelle.

PICUMNUS TEMMINKI
PICUMNUS EXILIS (Lafres)
PICUMNUS BUFFONII

Imp. Becquet rue Bonaparte Paris

PICUMNE CASTELNEAU fig1 mâle, f.2. j.mâle   PICUMNUS CASTELNEAU.
PICUMNE SQUAMULÉ fg.3, mâle, f.4 femelle   PICUMNUS SQUAMULATUS (Lafres)
PICUMNE INNOMI*. f.5.mâle f.6. femelle   PICUMNUS INNOMINATUS (Burton)

A. Malherbe dir.

PICUMNE VERREAU (**Malh**) f.1. femelle
PICUMNE A VENTRE ROUX (**Malh**) f.2. femelle
PICUMNE GRENADIN f.3, femelle
PICUMNE LAFRESNAYEN Verr) f.4.male f.5 femelle.

PICUMNUS VERREAUXII (**Malh**)
PICUMNUS RUFIVENTRIS (**Bonap**)
PICUMNUS GRANADENSIS (**Laf**)
PICUMNUS LAFRESNAYI (**Malh**)

Imp. Lempun Rue Poussele, 12 Paris.

Mesnel, del & lith.

A. Malherbe, dir.¹

PICUMNE, fig 1 mâle, f 2, femelle.
PICUMNE à GOUTELETTES f 3, femelle
PICUMNE VERMILLON, f 4, mâle, f 5, femelle

PICUMNUS HYPOXANTHUS (Reich.)
PICUMNUS GUTTATUS (Reich.)
PICUMNUS CINNAMOMEUS (Reich.)

Paris, lith. Cosson, rue Rousselet, 15.

Mesnel del et Lith.

A.Malherbe direx!

PICUMNE DE CAYENNE, fig. 1, mâle, f.2, femelle, f.3, Jeune mâle.
PICUMNE OLIVATRE, fig 4 et 5 mâles, f.6 femelle

PICUMNUS CAYENNENSIS.
PICUMNUS OLIVACEUS

Lith. Compan Rue Bonesclet, N°18, Paris.

Mesnel, del et lith.

A. Malherbe, direx.t

TORCOL à PLASTRON. f. 1.
TORCOL de REQUIEN. f. 2.
TORCOL de L'INDE. f. 3.
TORCOL VERTICILLE. f 4

YUNX PECTORALIS.
YUNX ARQUATORIALIS.
YUNX INDICA.
YUNX TORQUILLA.

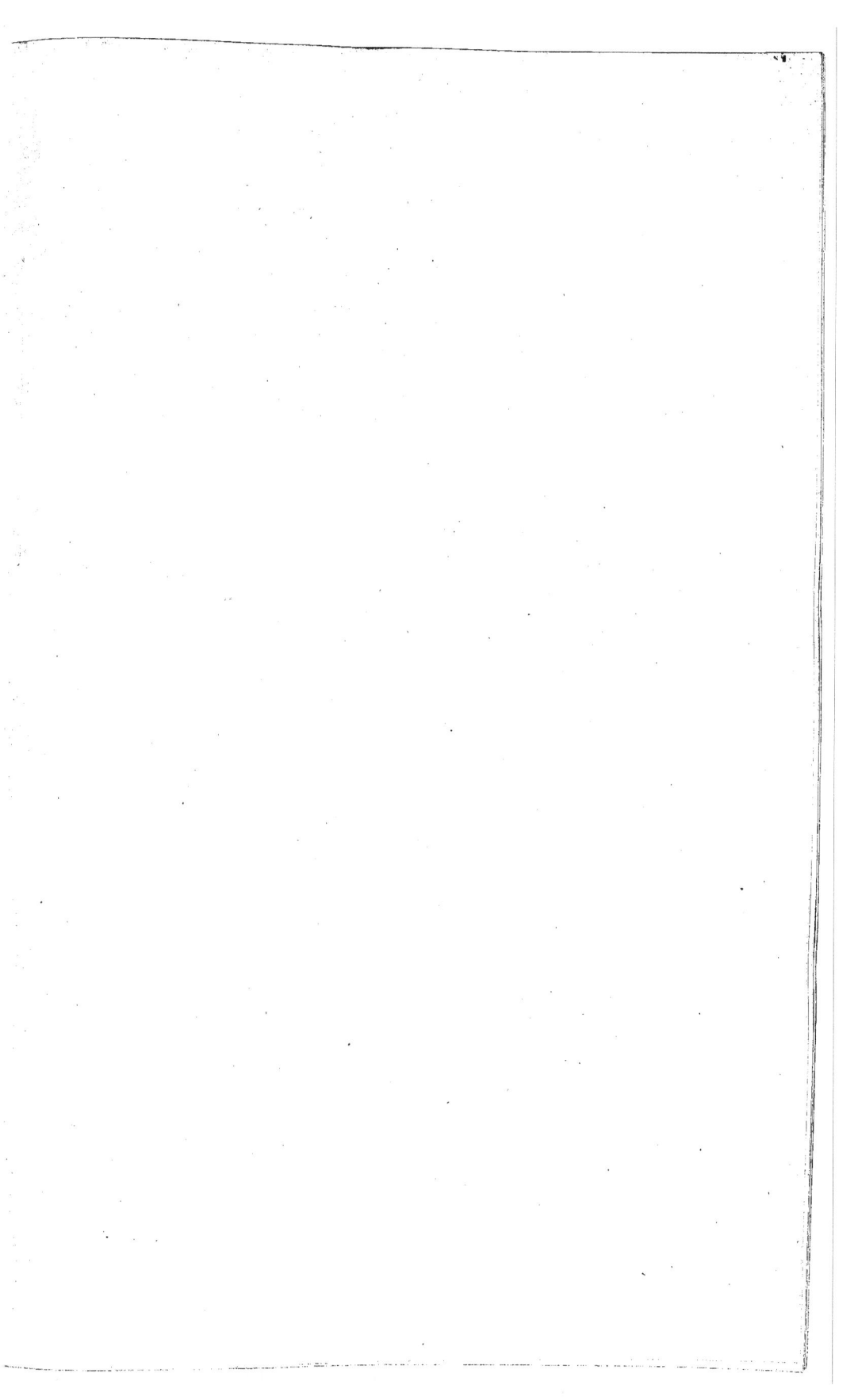

EXEMPLAIRE NUMÉRO

L'AUTEUR

©

MONOGRAPHIE

DES

PICIDÉES

OU HISTOIRE NATURELLE

DES

PICIDÉS, PICUMNINÉS, YUNCINÉS ou TORCOLS

COMPRENANT

DANS LA PREMIÈRE PARTIE,

L'origine mythologique, les mœurs, les migrations, l'anatomie, la physiologie, la répartition géographique, les divers systèmes de classification de ces oiseaux grimpeurs zygodactyles, ainsi qu'un dictionnaire alphabétique des auteurs et des ouvrages cités par abréviation ;

DANS LA DEUXIÈME PARTIE,

La synonymie, la description en latin et en français, l'histoire de chaque espèce, ainsi qu'un dictionnaire alphabétique et synonymique latin de toutes les espèces ;

PAR

ALF. MALHERBE

CONSEILLER A LA COUR IMPÉRIALE DE METZ; ADMINISTRATEUR DU MUSÉUM DE LA VILLE ; PRÉSIDENT DE LA SOCIÉTÉ D'HISTOIRE NATURELLE DE LA MOSELLE; ANCIEN PRÉSIDENT DE L'ACADEMIE IMPÉRIALE, MEMBRE DE L'INSTITUT DES PROVINCES DE FRANCE, DES ACADÉMIES ET SOCIÉTÉS D'HISTOIRE NATURELLE D'AMSTERDAM, D'ANGERS, DE BERLIN, DE BORDEAUX, DE CAYENNE , DE DIJON , DE DRESDE, DE FRANCFORT-SUR-MEIN, DE LEIPZIG, DE LIÉGE, DE LILLE, DE LYON, DE L'ILE MAURICE, DE MAYENCE, DE MESSINE, DE NANCY, DE PHILADELPHIE, DE STRASBOURG, DE VALENCE, DE VERDUN, &c., &c.; AUTEUR DES FAUNES DE LA SICILE, DE L'ALGÉRIE ET DE LA MOSELLE

PLANCHES – VOL. III

METZ – 1861

Typographie de Jules VERRONNAIS, Imprimeur de la Société d'Histoire naturelle de la Moselle

1862

MONOGRAPHIE

PICIDÉES

OU HISTOIRE NATURELLE

PICIDÉS, PICUMNINÉS, YUNCINÉS ou TORCOLS

COMPRENANT

DANS LA PREMIÈRE PARTIE,

L'origine mythologique, les mœurs, les migrations, l'anatomie, la physiologie, la répartition géographique, les divers systèmes de classification de ces oiseaux grimpeurs zygodactyles, ainsi qu'un dictionnaire alphabétique des auteurs et des ouvrages cités par abréviation ;

DANS LA DEUXIÈME PARTIE,

La synonymie, la description en latin et en français, l'histoire de chaque espèce, ainsi qu'un dictionnaire alphabétique et synonymique latin de toutes les espèces ;

PAR

ALF. MALHERBE

CONSEILLER A LA COUR IMPÉRIALE DE METZ; ADMINISTRATEUR DU MUSEUM DE LA VILLE ; PRÉSIDENT DE LA SOCIÉTÉ D'HISTOIRE NATURELLE DE LA MOSELLE; ANCIEN PRÉSIDENT DE L'ACADÉMIE IMPÉRIALE ;
MEMBRE DE L'INSTITUT DES PROVINCES DE FRANCE, DES ACADÉMIES ET SOCIÉTÉS D'HISTOIRE NATURELLE D'AMSTERDAM, D'ANGERS, DE BERLIN, DE BORDEAUX, DE CAYENNE, DE DIJON , DE DRESDE, DE FRANCFORT - SUR - MEIN , DE LEIPZIG, DE LIÉGE , DE LILLE, DE LYON, DE L'ILE MAURICE , DE MAYENCE, DE MESSINE, DE NANCY, DE PHILADELPHIE, DE STRASBOURG, DE VALENCE, DE VERDUN, &c. , &c ;
AUTEUR DES FAUNES DE LA SICILE, DE L'ALGÉRIE ET DE LA MOSELLE

PLANCHES – VOL. IV

METZ — 1862

Typographie de Jules VERRONNAIS, Imprimeur de la Société d'Histoire naturelle de la Moselle

1862